Sitzungsberichte
der
Heidelberger Akademie der Wissenschaften
Stiftung Heinrich Lanz
Mathematisch-naturwissenschaftliche Klasse

*) *Jahrgang 1921 erschien im Verlage von Carl Winters Universitätsbuchhandlung in Heidelberg.*

Im Verlag von Walter de Gruyter & Co. vormals G. J. Göschen'sche Verlagshandlung — J. Guttentag, Verlagsbuchhandlung — Georg Reimer — Karl J. Trübner — Veit & Comp., Berlin erschienen:

Abteilung A. Mathematisch-physikalische Wissenschaften.

Jahrgang 1922.

1. Perron, Oskar. Neue Summationsmethoden und Entwicklungen nach Polynomen. Reichsmark 0·30
2. Perron, Oskar. Über transzendente Funktionen auf Riemannschen Flächen. Reichsmark 0·60
3. Baldus, Richard. Über die singulären Punkte reeller Parameterkurven. Reichsmark 0·50

Jahrgang 1923.

1. Deecke, W. Mitteleuropäische Meeresströmungen der Vorzeit. Reichsmark 0·60
2. Liebmann, Heinrich. Die Lie'sche Cyklide und die Inversionskrümmung. Reichsmark 0·40
3. Perron, Oskar. Über Gleichungen ohne Affekt. Reichsmark 0·40.
4. Liebmann, Heinrich. Beiträge zur Inversionsgeometrie III. Reichsmark 0·40
5. Kratzert, J. Beitrag zur Kenntnis des Andesins von Bodenmais. Reichsmark 0·50

Jahrgang 1924.

1. Th. Curtius und A. Bertho. Einwirkung von Stickstoffkohlenoxyd und von Stickwasserstoffsäure unter Druck auf aromatische Kohlenwasserstoffe. Reichsmark 0·50
2. Liebmann, Heinrich. Umkehrung des Variationsproblems der ebenen Affingeometrie. Reichsmark 0·60
3. Salomon, Wilhelm. Die Intensitäten alluvialer und diluvialer geologischer Vorgänge und ihre Einwirkung auf die pliocäne Rumpffläche des Kraichgaues und Odenwaldes. Reichsmark 1·20
4. Heffter, L. Zur absoluten Geometrie. Reichsmark 0·60
5. van Werveke, L. Über die Entstehung der lothringischen Lehme und des mittelrheinischen Lößes. Reichsmark 1·50
6. Krull, Wolfgang. Die verschiedenen Arten der Hauptidealringe. Reichsmark 0·50
7. Roeser, Ernst. Übergang von der nichteuklidischen Streckentrigonometrie zur Winkelmessung. Reichsmark 0·30
8. Wellstein, Julius. Zur Differentialgeometrie der isotropen Kurven. Reichsmark 1·50
9. Ewald Rudolf. Die geodynamischen Erscheinungen des krystallinen Odenwaldes als Beispiel einer geoisostatischen Ausgleichsschwingung. Reichsmark 1·50
10. Voelcker, Ilse. Über eine ganz junge Verwerfung bei Rauenberg im Kraichgau. Reichsmark 0·30
11. Liebmann, Heinrich. Die Aufschließung von Differentialinvarianten. Reichsmark 0·50

[Fortsetzung siehe 3. Umschlagsseite.]

*) Bestellungen auf solche Veröffentlichungen der math.-naturw. Klasse, welche früher im Verlag von Carl Winters Universitätsbuchhandlung in Heidelberg erschienen sind, nimmt auch der Verlag Walter de Gruyter & Co., Berlin, entgegen.

Sitzungsberichte
der Heidelberger Akademie der Wissenschaften
Mathematisch-naturwissenschaftliche Klasse
Jahrgang 1928. 10. Abhandlung.

Über den Wirkungsantagonismus von Blutkörperchen und Serum bei chemisch faßbaren biologischen Vorgängen

Von
K. W. Merz
in Heidelberg

Eingegangen am 28. Juni 1928

Berlin und Leipzig 1928
Walter de Gruyter & Co.
vormals G. J. Göschen'sche Verlagshandlung / J. Guttentag, Verlagsbuchhandlung / Georg Reimer / Karl J. Trübner / Veit & Comp.

Über den Wirkungsantagonismus von Blutkörperchen und Serum bei chemisch faßbaren biologischen Vorgängen.

Es ist schon lange bekannt, daß hydrolysierende Fermente nur dann wirken können, wenn sie mit dem zu spaltenden Substrat eine, wenn auch nur lockere und zeitweilige, Bindung eingehen. Infolgedessen hemmen solche Stoffe die Fermentwirkung, welche das Ferment adsorbieren. Nach Beobachtungen HEDINS[1]) wird die Wirkung von Trypsin auf Kasein, von Lab auf Milch durch Kohlepulver stärker gehemmt, wenn man zu Ferment und Kohle erst nachträglich das Substrat zusetzt, als wenn dies gleichzeitig geschieht. Dieses „Reihenfolgephänomen" ist der beste Beweis für die durch Adsorption des Ferments erfolgte Hemmung seiner Wirkung.

Daß normales Serum Fermentwirkungen zu hemmen imstande ist, zeigten zuerst HAMMARSTEN und RÖDEN[2]), für die Labwirkung. Auch hier, wie bei anderen Untersuchungen, wurde das Reihenfolgephänomen beobachtet und die Hemmung stimmte mit der durch Kohle hervorgerufenen überein, wodurch HEDIN zu der Annahme veranlaßt wurde, daß es sich hier um kolloide Reaktionen (Adsorption) handle. Solche Hemmungen durch normales Serum oder auch eiweißhaltige Flüssigkeiten kamen noch in folgenden Fällen zur Beobachtung: Hemmung der Trypsinverdauung von Kasein durch natives Serumalbumin[3]), der Labwirkung durch neutrales Serum und durch Eierklar.[4])

Eine Artspezifität hat sich in diesen Fällen nicht gezeigt, d. h. ein Ferment wird um etwa den gleichen Betrag gehemmt, aus welcher Tierspezies es auch stammt. Über die Natur der Hemmungskörper ist nichts näheres bekannt geworden, bei genügendem Erhitzen verloren die meisten im Serum enthaltenen hemmenden Substanzen ihr Hemmungsvermögen.

---

[1]) Biochem. Journ. **1**, 484; **2**, 81 (1906); Zeitschr. f. physiol. Chem. **50**, 497 (1907); **60**, 364; **63**, 143 (1909).

[2]) Upsala läkareför. förh. **22**, 546 (1887).

[3]) Journ. of Physiol. **32**, 390 (1905); Bioch. Journ. **1**, 474 (1906).

[4]) Zeitschr. f. physiol. Chem. **60**, 85, 364; **63**, 143 (1909).

Auch für die Arginase konnte im Serum von verschiedenen Tieren ein Hemmungskörper nachgewiesen werden.[1]) In der vorliegenden Arbeit wurde menschliches Blut gleichfalls in die Untersuchungen mit einbezogen.

Die Erythrozyten des Menschen enthalten, wie auch diejenigen gewisser Tiere, Arginase in beträchtlicher Menge, im Serum dagegen ist eine die Arginasewirkung hemmende Substanz enthalten. Die Frage nach der Individual- oder Gruppenspezifität (im Sinn der vier bekannten Blutgruppen) des Hemmungskörpers muß in Übereinstimmung mit den angeführten Befunden anderer Autoren für die Hemmungskörper der von ihnen untersuchten Fermente auch für den der Arginase verneint werden, jedoch konnte der Hemmungskörper und vor allem der Hemmungsverlauf besser erkannt werden.

Zunächst ergab sich schon bei der Untersuchung der Tiersera (l. c.), daß der Hemmungskörper der Arginase hitzebeständig ist. Wenn er auch nicht gruppen- oder artspezifisch ist, so stellt sich doch heraus, daß die Arginase eines Tieres von dem Serum derselben Tierart stärker gehemmt wird als von dem einer andern. Eine Artspezifität zeigt sich also nicht in qualitativen, sehr wohl aber in quantitativen Unterschieden.

Dieses Verhalten wird verständlich, wenn man sich mit dem Hemmungsverlauf näher befaßt. Es konnte gezeigt werden, daß bei der in größeren Zeitintervallen vorgenommenen Untersuchung von Rinderleberglycerinextrakten auf ihre Hemmbarkeit durch Menschenserum und Rinderserum diese deutlich und fortschreitend abnimmt und zwar gegen Menschenserum rascher als gegen das artgleiche Rinderserum. Dabei war die Wirkung der Extrakte, d. h. ihr Arginasegehalt, stets gleich. Schließlich wurde ein Punkt erreicht, bei dem durch Serum überhaupt keine Hemmung mehr möglich war, trotzdem das Arginasepräparat an Wirksamkeit gegen Arginin nichts verloren hatte. Diese Tatsachen erklären sich ganz zwanglos durch die Annahme, daß sich zwischen Arginase und Hemmungskörper ein bindendes Zwischenglied, das Coadsorbens, einschieben muß. Dieses Coadsorbens ist mit der Arginase vergesellschaftet, aber nicht mit ihr identisch, „bindet" arteigenes Serum leichter als artfremdes und wird beim Altern von Arginasepräparaten sehr viel schneller unwirksam beziehungsweise in seiner Wirkung schwächer, als das Ferment. Das Coadsorbens ist also hypothetischer Natur genau so wie Komplement, Amboceptor usw., die ja vorläufig nur Ausdrücke für Wirkungen sind.

Wie der Antagonismus, der durch den Gehalt der Erythrozyten an Arginase und das gleichzeitige Vorkommen eines Hemmungskörpers

---

[1]) Edlbacher, Krause und Merz, Hoppe-Seyler 170, 68 (1927).

im Serum dargestellt wird, sich im Stoffwechsel des Organismus auswirkt, ist nicht ohne weiteres ersichtlich. Neben gewissen Analogien zur Serologie, auf die schon früher hingewiesen wurde (l. c.), ist zu beachten, daß bei schwankender Menge des Hemmungskörpers (und eine solche Schwankung ist nach dem Ausfall der Versuche wohl anzunehmen, da verschiedene Sera derselben Tierspezies oft bedeutende Unterschiede in ihrer Hemmungsintensität aufweisen) die Arginase der Erythrozyten aus im Blute enthaltenen Arginin basisches Ornithin und Harnstoff freimacht und damit bei einer momentanen, physiologischen Acidosis die Wasserstoffionenkonzentration des Blutes konstant erhalten hilft. Dieser Auffassung ordnen sich auch zwanglos die Befunde unter, daß bei einem p_H von 6,5 die hemmende Wirkung nicht nur nicht vorhanden, sondern sogar in eine fördernde umgewandelt ist (l. c.).

Nach noch unveröffentlichten Untersuchungen von EDLBACHER KRAUSS u. Verf. spaltet Adrenalin bei Gegenwart von Sauerstoff aus Glykokoll Ammoniak ab. Es wurde untersucht, welchen Einfluß Blutbestandteile, Organextrakte und einige Hormone auf diese Spaltung ausüben. Bei Gegenwart von Serum oder Plasma verschiedener Tiere findet eine sehr bedeutende Förderung dieser Reaktion statt, während umgekehrt die Anwesenheit von Erythrozyten zum mindesten stark hemmt, bei genügender Konzentration sogar vollständig unterdrückt. Dasselbe gilt für die Extrakte von Muskel, Leber, Niere und Milz. Bei diesen Reaktionen konnte, wie aus dem experimentellen Teil dieser Arbeit deutlich hervorgeht, bewiesen werden, daß es sich hier, sowohl bei der Förderung, wie auch bei der Hemmung keinesfalls um physikalisch-chemische Erscheinungen durch Adsorption handelt, sondern wohl um rein chemische. Auffallend ist, daß alle Zubereitungen aus zelligen Organen auch die zellfreien, wie filtrierte Preß- und Kochsäfte und Dialysate, die Reaktion hemmen, dies legt den Gedanken nahe, daß irgendwelche zum Aufbau der Zellen verwandten Stoffe als Hemmungskörper funktionieren.

Experimenteller Teil.

I. Versuche über Arginasehemmung.

In früheren Untersuchungen[1]) über die Beeinflussung der von A. KOSSEL entdeckten Arginase, die bekanntlich Arginin hydrolytisch in Harnstoff und Ornithin spaltet, durch Serum wurde dargelegt, daß die Arginasereaktion prinzipiell durch Serum gehemmt wird. Es ergab sich weiterhin, daß die Erythrozyten verschiedener Tiere und auch die des Menschen selbst Arginase enthalten. Ferner wurde gezeigt, daß die Wasserstoffionen-

[1]) EDLBACHER, KRAUSE und MERZ, HOPPE-SEYLER 170, 68 (1927).

konzentration bei dieser Reaktion insofern von erheblicher Bedeutung ist, als in sauerem Milieu ($p_H = 6,5$) die Argininspaltung durch Serum gefördert, bei physiologischem p_H (7,34) teils eine Förderung, teils eine Hemmung zu konstatieren war, während im alkalischen Bereich, speziell bei $p_H = 9,25$, dem Optimum der Arginase, eine starke Hemmung die Regel ist. Eine Artspezifität der Hemmung konnte nicht gefunden werden. Da es aber Arginasen gibt, die durch jegliches Serum hemmbar sind (z. B. Rind) und solche, die sich überhaupt nicht hemmen lassen (z. B. Hund und Kaninchen) und da wir an der Spezifität und Identität des Ferments festhalten müssen, wurde schon damals die Hypothese aufgestellt, daß Begleitstoffe des Ferments, sogenannte Coadsorbentien, dafür verantwortlich zu machen seien, ob der im Serum enthaltene Hemmungskörper sich gewissermaßen an dem Ferment verankern könne und es damit in seiner Wirkung schwäche, oder nicht. Diese Arbeitshypothese konnte im folgenden erheblich gestützt werden.

Im weiteren Verfolg der angeführten Ergebnisse wurde nunmehr Menschenblut einer systematischen Prüfung unterzogen. Die Versuchsanordnung war dieselbe wie bei allen früheren Versuchen; der durch die Arginase gebildete Harnstoff wird durch Urease zerlegt, das entstandene Ammoniak nach Folin destilliert und titriert und die dieser Ammoniakmenge entsprechende Menge zerlegten Arginins berechnet.

Puffert man mit $\frac{m}{15}$-Glykokoll-NaOH-NaCl-Puffer, so hemmt menschliches Serum die Arginasen von Hundeleber, Schweineleber, Rinderleber und Kaninchenleber nicht, auch die der Rinder- und Schweineerythrozyten werden nicht gehemmt, ja nicht einmal Menschenleber oder Erythrozyten eines andern Menschen. Nur die Erythrozyten desselben Menschen, von dem auch das Serum stammte, ließen sich deutlich hemmen. Diese Befunde standen in so starkem Gegensatz zu denen aus den früheren Arbeiten, daß sie an einer größeren Anzahl von Versuchspersonen geprüft wurden und zwar in der Weise, daß je 3 Blute gleichzeitig untersucht wurden und jedes Serum auf jede Erythrozyten zur Einwirkung kam. Dabei stellte sich heraus, daß in vielen Fällen die Hemmung zwar individualspezifisch war, in anderen aber auch bei „fremden" Erythrozyten eintrat, allerdings war die „Eigenhemmung" immer am stärksten. Irgendeine Gesetzmäßigkeit konnte nicht festgestellt werden. Puffert man aber statt mit $\frac{m}{15}$-Puffer mit solchem von $\frac{m}{5}$-Konzentration und legt dadurch das p_H des ganzen Systems noch mehr fest, so ergab sich die überraschende Tatsache, daß nunmehr bei 80 untersuchten Fällen (mit 2 Ausnahmen), jedesmal eine deutliche Hemmung eintrat, die sich auch in quantitativer Hinsicht nicht gesetzmäßig unterschied. Auch eine „Gruppenspezifität", die in irgendeinem Zusammenhang mit den bekannten vier Blutgruppen steht, konnte nicht ermittelt werden. Herr Dr. KLOPSTOCK (Serolog. Institut) führte in liebenswürdiger Weise die Blutgruppenbestimmungen aus, wofür ihm auch an dieser Stelle nochmals herzlich gedankt sei. In der folgenden Tabelle sind die Befunde dieser langwierigen Untersuchungen kurz zusammengestellt.

Tabelle der Serumhemmung
bei gleichzeitiger Berücksichtigung der Blutgruppen.

Blutkörperchen	Serum 0	A	B	AB
0	25 %	35 %	30 %	24 %
A	25 %	24 %	31 %	ø
B	21 %	19 %	24 %	ø
AB	0 % 1. Vers.!	ø	ø	0 % 1. Vers.

Die Zahlen geben die Prozent der Hemmung wieder.

Prüft man die Hemmungsfähigkeit menschlichen Serums im dreifach gepufferten System an Arginasen anderer Herkunft, so zeigt sich folgendes Verhalten:

Verwendet man genügend gealterte Rinder- oder Schweineleberglycerinextrakte, die bezüglich ihres Arginasewertes noch hoch-wirksam sind, so findet keine Hemmung statt, wohl aber, wenn man frisch bereitete Extrakte verwendet. Bei frischen Menschenleberextrakten trat in zwei Fällen eine deutliche, in zwei weiteren keine Hemmung ein:

	Zahl und Ausfall der Versuche
Gealterter Rinderleberglycerinextrakt:	3 —
I. Frischer „ „ „	8 +
II. „ „ „ „	8 +
I. „ Menschenleber „	6 —
II. „ „ „	8 +
III. „ „ „	4 +
IV. „ „ „	4 —

Dieses verschiedene Verhalten menschlichen Serums gegen frische und gealterte Leberextrakte ist nur so zu erklären, daß das die Hemmung vermittelnde Coadsorbens an der Arginase haftet und daß es gegen Altern viel empfindlicher ist als das Ferment selbst, so daß es in Präparaten, die lange genug aufbewahrt werden, nicht mehr wirksam vorhanden ist. Auch die Versuchsergebnisse bei menschlichen Lebern sind wohl in diesem Sinne zu verwerten. Es mußte Sektionsmaterial verwendet werden; war dieses relativ frisch (II. u. III), so war Coadsorbens noch wirksam vorhanden, war es schon in einen gewissen Fäulniszustand übergegangen, so war das Coadsorbens unwirksam geworden. In der Tat wiesen auch die Lebern I und IV einen leicht unangenehmen Geruch auf, ohne allerdings in der Stärke des Arginasegehalts hinter den frischen Organen zurückzustehen. Aus der großen Reihe seien hier einige Versuchsergebnisse angeführt:

Rinderleber:	Spaltung in $cm^3 \frac{n}{50} NH_3$	% Hemmung
1. 1 ccm gealterter Rinderleberextrakt 5 ccm 1 % Argininlösung 5 ccm Puffer 1 ccm Ringer	8.8	
2. wie 1. statt 1 cm³ Ringer 1 cm³ Menschenserum	9.0	—
3. 1 ccm frischen Rinderleberextrakts sonst wie 1.	14.2	
4. 1 ccm frischen Rinderleberextrakts sonst wie 2.	8.6	39 %
Menschenleber:		
5. 1 cm³ Menschenleberglycerinextrakt IV sonst wie 1.	20.0	
6. 1 cm³ Menschenleberglycerinextrakt IV sonst wie 2.	20,1	—
7. 1 cm³ Menschenleberglycerinextrakt III sonst wie 1.	15.7	
8. 1 cm³ Menschenleberglycerinextrakt III sonst wie 2.	12.6	20 %

Zur weiteren Nachprüfung dieser Ergebnisse wurden vier frisch hergestellte Rinderleberglycerinextrakte in größeren Zeitabständen auf ihre Hemmbarkeit sowohl durch Rinderserum als auch durch Menschenserum untersucht. Aus diesen Versuchen ging hervor, daß Menschenserum immer schwächer hemmt als Rinderserum und vor allem, daß die prozentuale Hemmung der Extrakte mit ihrem Alter stetig und fortschreitend abnimmt. Dies gilt für beide Sera, allerdings nimmt die Hemmbarkeit für Menschenserum rascher ab als die für Rinderserum.

Zusammenfassend läßt sich also sagen:

1. In Übereinstimmung mit den früher beim Blut gewisser Tiere gefundenen Tatsachen (l. c.) läßt sich auch für menschliches Blut nachweisen, daß seine Erythrozyten Arginase enthalten, sein Serum einen die Wirkung dieses Ferments hemmenden Stoff. (Hemmungskörper).
2. Der Hemmungskörper ist nicht individual- oder gruppenspezifisch im Sinne der vier bekannten Blutgruppen. In dieser Richtung sind weder qualitative noch deutliche quantitative Unterschiede nachzuweisen.
3. Durch die Versuche mit alternden Arginasepräparaten wird wahrscheinlich gemacht, daß zum Zustandekommen des Hemmungsphänomens sich zwischen Ferment und Hemmungskörper im Sinne der Ehrlichschen Theorie (entsprechend dem Ambozeptor) ein Coadsorbens einschalten muß.
4. Dieses Coadsorbens ist mit der Arginase und nicht mit dem Hemmungskörper vergesellschaftet, es verliert durch Altern seine Wirkung.
5. Die Hemmungsreaktion zeigt bei Verwendung artgleichen Serums ein Maximum, bei artfremdem Serum tritt sie etwas schwächer ein. Im letzteren Fall stimmen Ferment — Coadsorbens — Hemmungskörper nicht so gut überein wie im ersteren.

II. Beeinflussung der oxydativen Desamidierung von Glykokoll mittels Adrenalin durch Zusatz von Blutbestandteilen, Organextrakten und Hormonen.

Nach noch nicht veröffentlichten Untersuchungen von S. Edlbacher in Gemeinschaft mit J. Krauss und Verfasser wird Glykokoll durch Adrenalin bei Gegenwart von Sauerstoff desamidiert und gleichzeitig eine der gebildeten Ammoniakmenge isomolekulare Menge Kohlendioxyd gebildet. Die Versuchsanordnung ist folgende: in einem geräumigen Reagenzglas von ca. 60 ccm Inhalt werden 5 ccm $\frac{n}{100}$-Glykokoll-Lösung, 5 ccm $\frac{m}{15}$-Phosphat-Puffer nach Sörensen und 1 ccm $\frac{n}{100}$-Adrenalinlösung unter Durchleitung eines langsamen Sauerstoffstroms bei 38° im Thermostaten gehalten und nach dem Alkalisieren mit 40 %iger Natronlauge das gebildete Ammoniak nach Folin destilliert und titriert. Das p_H-Optimum der Reaktion im chemischen Modellversuch liegt bei 7,7. Im folgenden wurde als physiologischer ein p_H von 7,2 gewählt und untersucht, wie die Reaktion bei Zusatz von Blutbestandteilen, Gewebsextrakten und einigen Hormonon verläuft. Man war sich von vornherein bewußt, daß die gewählten Konzentrationen, besonders die des Adrenalins, diejenigen des lebenden Organismus bei weitem übertreffen. Im Interesse der Aufklärung dieser Vorgänge mußten sie aber gewählt werden, da man sonst keine faßbaren Reaktionsprodukte erhalten hätte und die Fehlergrenze der Methode zu hoch gewesen wäre. Fernerhin ist zu bedenken, daß bei den gewählten Konzentrationen wohl ein — und eben der gewünschte — quantitativer Unterschied sich bemerkbar macht, aber kein qualitativer. Außerdem verläuft die Reaktion im Organismus continuierlich, während man im Versuch eine verhältnismäßig kurze Zeit (15—20 Stunden) wählen muß.

In erster Linie wurde untersucht, ob und in welcher Weise Serum die oben geschilderte oxydative Desamidierung des Glykokolls beeinflußt. Man gab zu der Glykokolllösung und dem Adrenalin an Stelle von Puffer Serum und stellte gleichzeitig einen „Bezugswertversuch" mit Puffer statt Serum an. Dabei ergab sich, daß durch Rinderserum und Kaninchenserum eine starke Förderung der Ammoniakabspaltung bewirkt wird, wie aus folgenden, nur auszugsweise mitgeteilten Versuchen zu ersehen ist:

	ccm $\frac{n}{50}$ NH_3	Förderung um
Ansatz + Puffer	4.3	
„ + Rinderserum	6.3	46 %
„ + Puffer	2.7	
„ + Kaninchenserum	4.2	56 %

In einem Fall (Rinderserum) konnte sogar eine Förderung um 150 % erreicht werden.

In vielen Versuchen wurde ferner gezeigt, daß durch Erythrozytenaufschwemmung im isotonischen System und durch Erythrozytenhaemolysat die Reaktion sehr stark, durch defibriniertes Blut deutlich gehemmt wird. Interessanter sind die Versuche, bei denen die Bestandteile eines und desselben Blutes (im Vergleich mit Pufferzusatz) zur Einwirkung gebracht wurden. Ein typischer Versuch sei hier mitgeteilt.

Die Spaltung betrug	ccm $\frac{n}{50}$ NH_3	Spaltung in %
1. in Puffer (als Bezugswert)	4.7	100
2. „ Serum	10.7	227
3. „ defibriniertem Blut	2.0	43
4. „ Erythrozytenaufschwemmung	0.0	0
5. „ „ haemolysat	0.0	0

Daß die Blutkörperchen an ihrer Zellmembran das Adrenalin adsorbieren und das Phänomen der „Hemmung“ einfach als physikalisch bedingt angesehen werden kann, ist schon durch den Versuch mit dem Erythrozytenhaemolysat unwahrscheinlich. Zur völligen Sicherung, daß hier chemische Einflüsse und nicht irgendwelche Oberflächenwirkungen vorliegen, wurde Adrenalin längere Zeit mit einer Erythrozytenaufschwemmung geschüttelt und diese dann abzentrifugiert.

Diese Adrenalinlösung zeigte sich genau so wirksam wie eine solche, die nicht mit Blutkörperchen in Berührung gewesen waren. Auch aus später zu beschreibenden Versuchen mit Organbrei und Organpreßsäften geht deutlich hervor, daß hier physikalische Erscheinungen keine Rolle spielen.

Um den natürlichen Verhältnissen noch näher zu kommen, wurde auch die Einwirkung von Plasmablut und Plasma untersucht. Es ergab sich dabei, daß Plasma deutlich noch stärker fördert, während bei Plasmablut die beobachteten stärkeren Hemmungen die Fehlergrenzen der Bestimmung kaum oder nur um das Doppelte überschritten, so daß man als Ergebnis dieser Versuche jedenfalls mit Bestimmtheit nur sagen kann, daß Plasma stärker fördert als Serum:

	ccm $\frac{n}{50}$ NH_3	Spaltung in %
Bezugswert (in Puffer)	4.4	100
1. in Plasma	10.7	243
2. „ defibrin. Serum	7.4	169
3. „ „ Blut	1.9	43
4. „ Plasmablut	1.5	34

Der Einwand, daß die Förderung der Reaktion durch Serum und Plasma darauf beruhe, daß dieses System besser gepuffert sei, als bei Zusatz von Phosphatpuffer, und daß andererseits die Hemmung durch die korpuskulären Bestandteile der Blutes auf einer schlechten Pufferung beruhe, ist nicht stichhaltig. In einer ganzen Reihe von Versuchen, die zur Wiederholung und Nachprüfung der mitgeteilten Ergebnisse bei gleichzeitigem Zusatz von genügenden Mengen Phosphatpuffer angestellt wurden, zeigte sich absolut, qualitativ wie quantitativ, dasselbe Verhalten. In allen folgenden Versuchen wurde durch genügenden Pufferzusatz das p_H gleichfalls bei 7,2 gehalten.

Um die Natur des „Hemmungs“- bzw. „Förderungskörpers“ des Blutes näher kennen zu lernen, wurden die einzelnen Blutbestandteile in ihrem nativen Zustand, inaktiviert (d. h. ½ Stunde auf 55° erwärmt), als Koagula und als Kochsäfte untersucht. Im folgenden seien kurz tabellarisch die Resultate, zuerst für das Förderungssystem des Serums, dann für das Hemmungssystem der Blutkörperchen, aufgeführt:

	Förderungssystem:	ccm $\frac{n}{50}$ NH_3	Spaltung in %
	Bezugswert (in reinem Puffer)	4.5	100
1.	in nativem Serum	8.2	182
2.	„ inaktiviertem Serum	10.0	227
3.	„ Serumkoagulum	9.1	202
4.	„ „ kochsaft	7.0	156
	Hemmungssystem:		
5.	in haemolys. Erythrozyten	1.1	24
6.	„ inaktivierten Erythrozyten	1.5	33
7.	„ Erythrozytenkoagulum	2.7	61
8.	„ „ kochsaft	4.2	93

Der Förderungskörper des Serums ist nach diesen Versuchen als thermostabil zu bezeichnen, wenn auch der Wert für den Serumkochsaft am tiefsten liegt. Das ist wohl zwanglos daraus zu erklären, daß ihn das amorphe Eiweißkoagulum zum Teil adsorbiert, der klare, filtrierte Kochsaft ihn also in geringerer Menge enthält. Wäre er nicht thermostabil, so könnte das koagulierte Serum, das genau der gleichen Kochtemperatur gleichlange ausgesetzt war, wie der Kochsaft, keinen höheren Spaltungswert aufweisen als selbst das native Serum. Woher es kommt, daß inaktiviertes und koaguliertes Serum die Reaktion stärker fördern als natives Serum, ist nicht weiter untersucht worden, weil es für unsere Zwecke belanglos ist.

Der Hemmungskörper der Erythrozyten ist empfindlicher gegen thermische Einflüsse als das fördernde Agens des Serums. Wohl ist auch im Erythrozytenkoagulum eine starke Hemmung zu beobachten, doch erscheint es auffällig, daß die Intensität der Ammoniakabspaltung vom Haemolysat über das inaktivierte Haemolysat zum Koagulum und zum Kochsaft (auch hier dürfte die minimale Wirkung auf Adsorption beruhen) stetig abnimmt. Jedenfalls ist auch der Hemmungskörper im großen und ganzen als thermostabil zu bezeichnen.

Prüft man die 48stündige Dialysate von Serum und Erythrozytenhaemolysat, so ergibt sich, daß das Serumdialysat die Reaktion auf 140 % fördert, während das Erythrozytendialysat ohne Einfluß bleibt. Dialysiert man nur 20 Stunden, so zeigt auch das Serumdialysat keine nachweisbare Wirkung. Der Förderungskörper des Serums ist also dialysierbar, der Hemmungskörper aus den Erythrozyten konnte nicht dialysiert werden.

Endlich mußte noch die Frage entschieden werden, ob die Blutkörperchen das bei der Reaktion entstehende Ammoniak aufnehmen oder zu einer Synthese verbrauchen, so daß die gefundene Hemmung nur eine scheinbare wäre. Versuche, ob Erythrozyten aus entsprechend konzentrierten Ammonchloridlösungen Ammoniak aufnehmen, fielen negativ aus. Jeweils wurde genau die der zugesetzten Salzmenge entsprechende Menge Ammoniak wiedergefunden, so daß damit eine Aufnahme resp. Synthese in den Blutkörperchen abzulehnen ist, und die Hemmung als solche anerkannt werden muß.

Es schien nun notwendig zu untersuchen, ob Organextrakte die oxydative Desamidierung des Glykokolls durch Adrenalin gleichfalls in irgendeiner Form beeinflussen. Dabei war es notwendig, die Bestandteile des Blutes aus diesen Organen möglichst weitgehend zu entfernen, was sich dadurch erreichen ließ, daß man in die Vena jugularis eines Kaninchens eine Kanüle einband, durch die körperwarme Ringerlösung unter einem gewissen Druck (ca. 60 cm Fallhöhe) einströmte, während man das Tier gleichzeitig durch eine Karotiskanüle entblutete. Dieses Durchspülen wurde unter Herzmassage solange fortgesetzt, bis aus der Karotis beinahe vollkommen klare, ungefärbte Ringerlösung abfloß. Die Organe waren zwar dann oedematös angeschwollen, und die Tiere hatten einen erheblichen Aszites, aber Blut war im Organismus in makroskopisch nachweisbarer Menge nicht mehr vorhanden. Hühner und Meerschweinchen, die für dieses Durchspülverfahren zu klein sind, wurden geschächtet, hatte es sich doch in der Zwischenzeit gezeigt, daß dem Blutgehalt der Organe keine wesentliche Bedeutung für die Beeinflussung der Reaktion zukommt.

Es zeigte sich, daß Muskel-, Leber-, Nieren- und Milzbrei der wie oben beschriebenen durchgespülten Kaninchen die Reaktion deutlich hemmen:

	ccm $\frac{n}{50}$ NH_3	Spaltung in %
Bezugswert in reinem Puffer	7.0	100
1. in Muskelbrei	0.2	2.8
2. „ Leberbrei	0.9	13.0
3. „ Nierenbrei	1.0	14.0
4. „ Milzbrei	2.2	30.0

Hühnermuskelbrei hemmte auf 15 %, Meerschweinchenmuskel auf 5 %, Froschmuskel auf 42 % der Spaltung in reiner Pufferlösung; auch Rinderorgane zeigten ein gleiches Verhalten.

Wiederum tauchte die Frage auf, ob nicht die Zellstruktur als solche für die Hemmung verantwortlich zu machen sei. Genau wie für die Blutkörperchen mußte auch für die Organbreie diese Frage verneint werden. Es zeigte sich nämlich, daß

Kaninchenmuskelpreßsaft auf 57 % des Bezugswerts
„ „ dialysat „ 54 % „ „
„ leberdialysat 19 % „ „

hemmt. Der Hemmungskörper ist also hier deutlich dialysierbar. Auch Organdialysate des Rindes (Schlachtvieh) hemmten die Reaktion beträchtlich, so

Leberdialysat auf 32 %
Nierendialysat auf 40 % der Bezugswerte.

Die Kochbeständigkeit des Hemmungskörpers ergab sich in analoger Weise wie bei den Erythrozyten: z. B. hemmte:

Hühnermuskelkochsaft auf 0,0 %
Meerschweinchenmuskelkochsaft auf 12 % der Bezugswerte.

Im Hinblick auf die hormonale Natur des Adrenalins schienen Versuche gerechtfertigt, die ergeben sollten, ob zwischen ihm und den beiden übrigen, isolierten Hormonen, dem Thyroxin und dem Insulin, Beziehungen bestehen, die sich in der Änderung der Ammoniakabspaltung aus Glykokoll auswirken. Alle derartigen Versuche verliefen negativ: Zusätze von 0,25 cgr Thyroxin, von 1 mg Insulin und 1 mg Insulin bei Gegenwart von 0,1 % Glykose lieferten sowohl in reinem Puffer, wie in Serum, in Blut und in Erythrozytenaufschwemmung stets die gleichen Ammoniakmengen wie die Kontrollversuche ohne Hormonzusatz. — Auch Milchsäurezusatz bleibt in den verschiedenen Medien ohne Einfluß auf die Größe der Desamidierung.

Faßt man die Ergebnisse kurz zusammen, so ergibt sich:

1. Die oxydative Desamidierung des Glykokolls mittels Adrenalin wird durch Serum und Plasma erheblich gefördert, durch Blut, Erythrozyten, Muskel-, Milz-, Nieren- und Leberbrei in gleicher Weise gehemmt.
2. Förderung und Hemmung der Reaktion sind nicht als physikalisch-chemisch, sondern als rein chemisch bedingt anzusehen.
3. Förderungs- und Hemmungskörper sind dialysierbar und thermostabil, tragen also keinen Fermentcharakter. Über ihre chemische Natur kann noch nichts Näheres ausgesagt werden. Jonenwirkungen sind nach noch unveröffentlichten Untersuchungen nicht anzunehmen.

Vorliegende Arbeit wurde am Physiologischen Institut der Universität Heidelberg auf Veranlassung von Herrn Prof. Dr. S. Edlbacher, dem ich für sein wohlwollendes Interesse zum größten Dank verpflichtet bin, ausgeführt.

Abteilung B. Biologische Wissenschaften.

Jahrgang 1923.

1. Kossel, A. und R. E. Gross. Über die Darstellung und quantitative Bestimmung des Arginins. Reichsmark 0·30

Von Jahrgang 1925 ab findet die Trennung in Abteilung A und B nicht mehr statt.

Jahrgang 1925.

1. Heffter, Lothar. Zur absoluten Geometrie II. Reichsmark 0·50
2. Roeser, Ernst. Die komplementären Figuren der nichteuklidischen Ebene. Reichsmark 0·50
3. Fladt, Kuno. Neuer Beweis f. d. Zuordnung von rechtwinkligem Dreieck und Spitzeck in der hyperbolischen Elementargeometrie. Reichsmark 0·30
4. Salomon, Wilhelm. Beobachtungen über Harnische. Reichsmark 0·70
5. Loewy, A. Beiträge zur Algebra. 1—4. Reichsmark 1·—
6. Hellpach, Willy. 2. Mitteilung zur Physiognomik der deutschen Volksstämme. Reichsmark 0·30
7. Loewy, Alfred. Neue elementare Begründung u. Erweiterung der Galois'schen Theorie. Reichsmark 2·—
8. Curtius, Theodor u. Bertho, Alfred. Einwirkung von Stickstoffkohlenoxyd und von Stickstoffwasserstoffsäure unter Druck auf aromatische Kohlenwasserstoffe. Reichsmark 0·40
9. Roeser, Ernst. Die gnomonische Projektion in der hyperbolischen Geometrie. Reichsmark 0·70
10. Rasch, G. Über die Ausnützung der Gezeiten des Meeres zur Energiegewinnung. Reichsmark 0·80
11. Salomon, Wilhelm. Magmatische Hebungen. Reichsmark 1·20
12. Pütter, A. Altersbestimmungen an Drachenbäumen von Tenerife. Reichsmark 0·90
13. Volk, Otto. Über geodätische rhombische Kurvennetze auf krummen Flächen, insbesondere auf Flächen konstanter Krümmung. Reichsmark 1·10
14. Roeser, Ernst. Die Fundamentalkonstruktion der hyperbolischen Geometrie. Reichsmark 1·40
15. Rüger, L. u. Rüger-Haas, P. Palaeosemaeostoma geryonides v. Huene sp. eine sessile Meduse aus dem Dogger von Wehingen i. W. und Medusina liasica nov. sp., eine coronatenähnliche Meduse aus dem mittleren Lias von Hechingen i. Württemberg. Reichsmark 1·50

Jahrgang 1926.

1. Krull, Wolfgang. Theorie und Anwendung der verallgemeinerten Abelschen Gruppen. Reichsmark 1·70
2. Klebs, Georg. Über periodisch wachsende tropische Baumarten. Reichsmark 1·20
3. Müller, Max. Über die Oberfläche von Flächenstücken. Reichsmark 1·20
4. Ernst, Max. Über Anlagen von Organen, die nicht zur Ausbildung gelangen. Reichsmark 0·50
5. Ernst, Emil. Die optischen Eigenschaften des Andesins von Bodenmais Reichsmark 1·10
6. Liepmann, Wilhelm. Leichengeburt bei Ichthyosauriern. Reichsmark 0·90
7. Klebs, Georg. Über die Längenperiode der Internodien. Reichsmark 2·40
8. Jost, L. u. v. Ubisch, G. Zur Windefrage. Reichsmark 0·80
9. Salomon, Wilhelm. Gibt es Gesteine, die für bestimmte Erdperioden charakteristisch sind? Reichsmark 0·30
10. Roeser, Ernst. Der reelle Übergang zwischen den beiden nichteuklidischen Geometrien und ihrem Parallelenbegriff. Reichsmark 1·20
11. Salomon, Wilhelm. Kugelförmige Absonderung. Reichsmark 0·80
12. Salomon, Felsenmeere und Blockstreuungen. Reichsmark 0·80
13. Salomon, Die Gruppendefinitionen in der Paläontologie. Reichsmark 0·90

Jahrgang 1927.

1. Loewy, Alfred. Neue elementare Begründung und Erweiterung der Galoisschen Theorie Reichsmark 1·60
2. Liebmann, Heinrich. Rhombische Geradennetze im Raum Reichsmark 1·—
3. Volk, Otto. Über geodätische Dreiecknetze auf Flächen konstanten Krümmungsmaßes. Reichsmark 1·80
4. Pütter, A. Chemische Reizwirkung und Giftwirkung. Mit einem mathematischen Anhang: Ein Diffussionsproblem von E. Trefftz. Reichsmark 2·40
5. Rembs, Eduard Die Verbiegung des verlängerten Rotationsellipsoids. Reichsmark 1·60
6. Mayer, Adolf. Naturwissenschaftliche Ästhetik Reichsmark 0·90
7. Mayer, Adolf Naturwissenschaftliche Volkswirtschaftslehre Reichsm 0·80
8. Baer, R., Kapferer, H., Krull, W., Schmidt, F. K. Beiträge zur Algebra Nr. 5—10. Reichsmark 6·20
9. Müller, Max. Über die Eindeutigkeit der Intregale eines Systems gewöhnlicher Differentialgleichungen und die Konvergenz einer Gattung von Verfahren zur Approximation dieser Integrale. Reichsmark 2·50
10. Freudenberg, Karl. Intramolekulare Umlagerung optisch aktiver Systeme. Reichsmark 1·—
11. Roeser, Ernst. Abbildung der hyperbolischen Ebene auf die Kugel mittels der Beziehung zwischen Lot und Parallelwinkel. Reichsmark 1·—
12. Rüger, L. Die direkte gebirgsgetreue Übertragung der auf dem Universaldrehtisch gewonnenen Messungsergebnisse gebirgsorientierter Schliffe in das Diagramm. Reichsmark 1·20
13. Jost, L. Elektrische Potentialdifferenzen an der Einzelzelle. Reichsmark 1·90

Jahrgang 1928.

1. Rüger, L. Einige Bemerkungen zur Darstellung tektonischer Elemente, insbesonders von Klüften und Harnischen. Reichsmark 1·20
2. Herbst, Curt. Untersuchungen zur Bestimmung des Geschlechts. Ein neuer Weg zur Lösung des Geschlechtsbestimmungsproblems bei Bonellia viridis. Reichsmark 1·50
3. Merton, Hugo Untersuchungen über die Entstehung amöbenähnlicher Zellen aus absterbenden Infusorien. Reichsmark 2·20
4. Baer, Reinhold. Zur Einordnung der Theorie der Mischgruppen in die Gruppentheorie. Reichsmark 2·20
5. Baer, Reinhold. Über die Zerlegungen einer Mischgruppe nach einer Untermischgruppe. Reichsmark 1·50
6. Roeser, Ernst Komplementäre Körper der beiden nichteuklidischen Geometrien. Reichsmark 1·—
7. Krull, Wolfgang. Primidealketten in allgemeinen Ringbereichen. Reichsmark 1·10
8. Salomon, Wilhelm. Geologische Beobachtungen des Leonardo da Vinci. Reichsmark 0·90
9. Liebmann, Heinrich Die Sätze von Lie und Gambier über Kurven eines Linienkomplexes. Reichsmark 0·90
10. Merz, K. W. Über den Wirkungsantagonismus von Blutkörperchen und Serum bei chemisch faßbaren biologischen Vorgängen Reichsmark 1·20

Abhandlungen
der Heidelberger Akademie der Wissenschaften

Mathematisch-naturwissenschaftliche Klasse

Abteilung A

12. Mohr, Ernst Über den Zusammenhang zwischen der Struktur und den morphologischen Merkmalen des Diamanten. 1924. Reichsmark 3·50
13. Reinmuth, Karl Die Herschel-Nebel, nach Aufnahmen der Königstuhlsternwarte 1926. Reichsmark 20·—
14. Salomon, Wilhelm. Die Erbohrung der Heidelberger Radium-Sol-Therme und ihre geologischen Verhältnisse 1927. Reichsmark 8·—

Druck: Hermann Böhlaus Nachfolger Hof-Buchdruckerei G. m. b. H. Weimar.

FSC
www.fsc.org
MIX
Papier | Fördert gute Waldnutzung
FSC® C083411

Zeitfracht Medien GmbH
Ferdinand-Jühlke-Straße 7
99095 Erfurt, Deutschland
produktsicherheit@kolibri360.de